**Impressum:**

Copyright © 2014 GRIN Verlag, Open Publishing GmbH
Druck und Bindung: Books on Demand GmbH, Norderstedt Germany
ISBN: 9783668505407

**Dieses Buch bei GRIN:**

http://www.grin.com/de/e-book/372992/auswirkungen-des-anthropogenen-klima-
wandels-auf-die-potentiell-natuerlichen

Thorsten Vogt

# Auswirkungen des anthropogenen Klimawandels auf die potentiell natürlichen Wälder Bochums

GRIN Verlag

Geographisches Institut

Ruhr-Universität Bochum

Einführung in das Wissenschaftliche Arbeiten II

# Auswirkungen des anthropogenen Klimawandels auf die potentiell natürlichen Wälder Bochums.

Thorsten Vogt

Geographie B.Sc

# Inhaltsverzeichnis

# 1 Einleitung

Dass der Klimawandel Realität ist, gehört inzwischen zu den als gut gesichert geltenden Erkenntnissen. Meist denkt man bei dem Wort an Küsten oder Unwetter. Aber welche Auswirkungen können die Änderungen ganz konkret hier in unserer Nähe, hier im Ruhrgebiet haben? Um diese Frage zu erörtern, habe ich mich entschieden mich exemplarisch mit den möglichen Auswirkungen der anthropogenen Klimaänderung auf die potentielle natürliche Vegetation des Ruhrgebietes am Beispiel der Bochumer Wälder zu erörtern oder anders formuliert: Ist eine Veränderung der Waldgesellschaften Bochums im Rahmen der vorausgesagten Erwärmung zu erwarten? Die Bedeutung der Wälder als nachwachsender Rohstofflieferant sowie als Erholungsgebiet für den Menschen und als natürlicher Lebensraum für viele Pflanzen und Tierarten ist dabei vielfältig. Gerade die Funktion als Lebens- und Rückzugsraum in natürlichen Wäldern ist durch den Klimawandel am stärksten Betroffen, da hier der Mensch als direkt eingreifender Faktor, anders als in vorwiegend Forstwirtschaftlich genutzten Wäldern, nur wenig in Erscheinung tritt und den Baumbestand in der Regel nicht direkt beeinflusst.
Welche Waldgesellschaft an einem Ort zu finden ist, hängt von mehreren Faktoren ab. Von den Böden, den Klimabedingungen und nicht zuletzt von dem Florenreich, welchem die Region zugehörig ist.

## 1.1 Abiotische Faktoren

Die Böden der Region, welche natürlichen Ursprungs sind und nicht durch die Verstädterung versiegelt oder auf andere Weise beeinflusst wurden, finden ihren Ursprung hauptsächlich im Löß (Bundesamt für Geowissenschaften (Hg.) 2004: 1), welcher periglazial während der Weichsel-Eiszeit bis vor etwa 11500 Jahren abgelagert wurde. Die daraus entstandenen Böden sind in der Regel allerdings inzwischen weitestgehend versauert. Im Süden des Bochumer Stadtgebietes liegen zudem Braunerden aus dem anliegenden Schiefergestein (Bundesamt für Geowissenschaften (Hg.) 2004: 1), welche einen niedrigeren ph-Wert aufweisen als die Böden in den anderen Teilen Bochums.

Das Klima in Bochum ist geprägt durch den Atlantik und grundsätzlich feucht und kühlgemäßigt (Lauer et al. 2006: 237). Aufgrund der geographischen Lage kommt es zu ausgeprägten Jahreszeiten und damit zu Schwankungen der Sonnenscheindauer und Temperaturen im Jahresverlauf. Niederschläge fallen ganzjährig mit im Mittel 817,6mm/Jahr, die Durchschnittstemperatur 10,4°C beträgt (Grudzielank et al. 2011:

37). Dies sind grundsätzlich günstige Bedingungen für das Pflanzenwachstum, wobei die Vegetationsperiode, wie Anhand des Klimadiagramms ersichtlich, von ca. März bis November reicht. Die ganzjährigen Niederschläge erreichen ihr Maximum in den Sommermonaten.

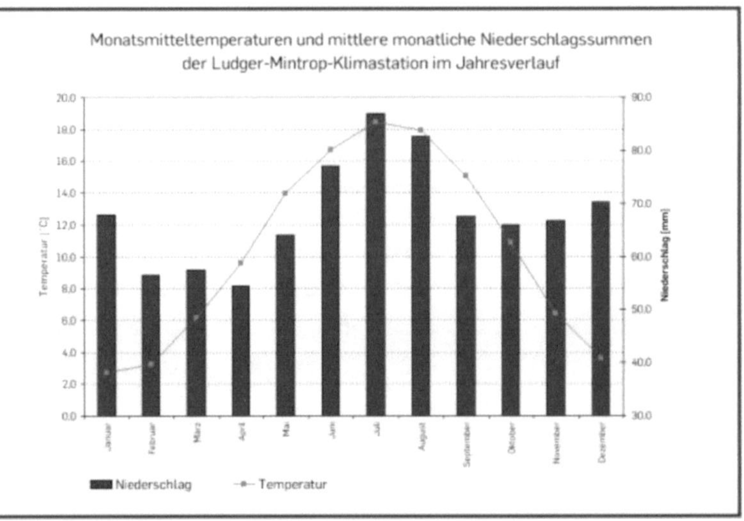


**Abb. 1: Klimadiagramm Bochum (Grudzielanek et al. 2011: 38)**

Die Veränderungen durch den anthropogenen Klimawandel lassen sich als Trend in der Grafik von Grudzielanek et al. aus dem Jahre 2013 auch schon für die letzten 100 Jahre erkennen (s. Abb. 2). Die Durchschnittstemperatur gemessen an der Ludger-Mintrop-Stadtklimastation stieg in diesem Zeitraum gemittelt um 1 bis 1,5 K an.

Den voraussichtlichen Anstieg der Temperatur für die Klimaperiode 2071-2100 bezifferte Filippo Giorgio seinem Artikel, der auch als Grundlage für den IPCC Report 2007 diente: *„In all seasons, Europe undergoes warming in both the A2 and B2 scenarios. The warming is in the range of 2.5–5.5 °C in the A2 scenario and 1–4°C in the B2 scenario. The warming is maximum over eastern Europe in DJF and over western and southern Europe in JJA"* (Giorgio et al. 2004: 855).

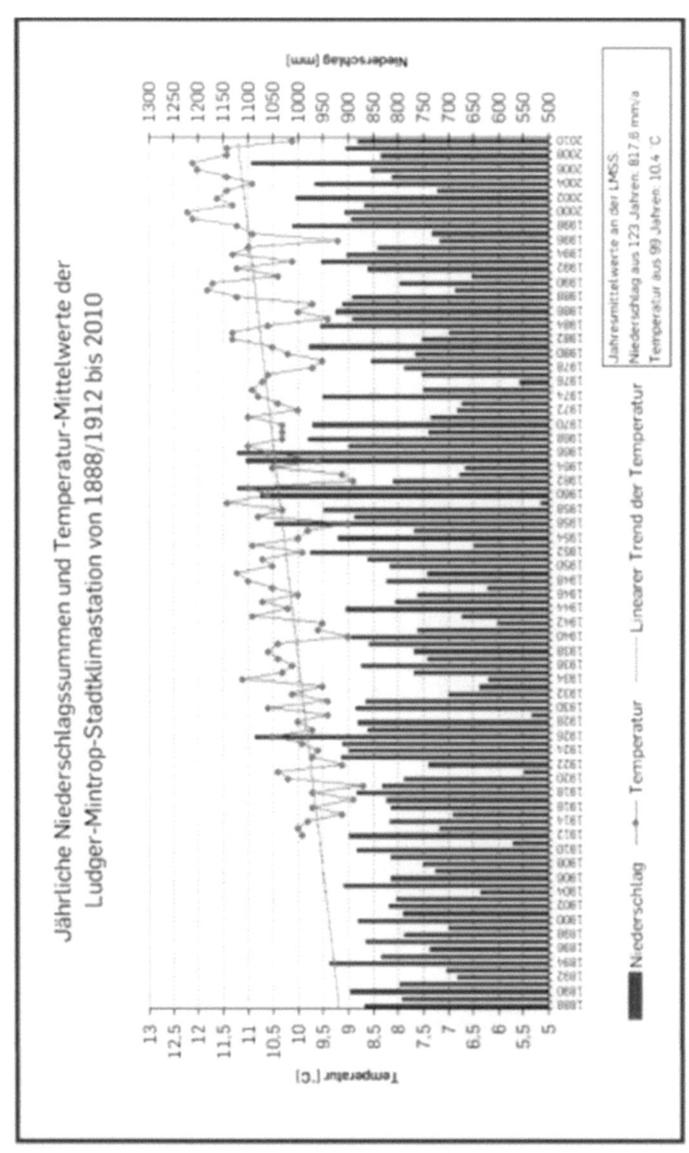


**Abb. 2: Langjährige Messung der Temperatur und Niederschlagswerte (Grudzielanek et al. 2011: 37)**

<u>**1.2 Die potentiell natürlichen Wälder in Bochum**</u>

Die Ausbreitung der Wälder in Bochum ist in den vergangen 100 Jahren von etwa 15% auf heute nur noch 7,8 Prozent zurückgegangen, davon 60% jüngere Wälder (BSÖR 2002 nach (Jagel & Gausmann 2009: 16)). *„Natürlicherweise würden in Bochum zwei Waldgesellschaften überwiegen: im Norden auf nährstoffreichem Löß der Flat-tergras-Buchenwald (Maianthemo-Fagetum), im Süden auf den Ausläufern des aus Silikatgestein aufgebauten Ardeygebirges auf nährstoffarmen, sauren Böden der Hainsimsen-Buchenwald"* (Jagel & Gausmann 2009: 16). Beiden Waldgesellschaften ist gemein, dass die Baumschicht von einer Art dominiert wird. Die Rotbuche (Fagus sylvatica L.) ist eine konkurrenzstarke Art, die sich während des Interglazials der letzten Eiszeit in Südeuropa entwickelt hat und sich während des Holozäns über Süd- und Mitteleuropa verbreiten konnte. (Schütt et al. 2006: 243) Die namensgebenden Arten der Krautschicht sind das Wald-Flattergras (Milium effusum L.) und die Weiße Hainsimse (Luzula luzuloides (LAM.) DANDY & WILMOTT). Beide werden aber in der weiteren Betrachtung keine Rolle spielen, da wie Kapitel 2 erläutert, andere in Frage kommende Waldgesellschaften sich hauptsächlich über die Baumschicht unterscheiden.

<u>**2 Methodik der Auswahl und Vergleich der Waldgesellschaften**</u>

<u>**2.1 Methodik**</u>

Um einen Überblick über mögliche Veränderungen zu bekommen, wurden in dieser Hausarbeit zwei weitere Waldgesellschaften ausgewählt und diese mit den Hainsimsen und Flattergras Buchenwäldern vergleichen. Wichtig ist dabei, dass diese Wälder auch bereits in Deutschland heimisch sind, die Ausbreitung also auf natürlichem Wege wie Zoochorie oder Autochorie erfolgen kann. Zudem müssen sie auch auf den vorhandenen Böden mit ihren Nährstoffbedingungen wachsen können. Die Auswahl erfolgte mittels einer aus dem Buch „Physische Geographie Deutschlands" Seite 171 entnommen Tabelle (Behre 1995: 171). Diese bietet allerdings keinen direkten Vergleich anhand der Temperaturen. Stattdessen wurden zwei Gesellschaften ausgewählt, welche entweder auf trockeneren Standorten oder auf einer geringeren Höhenstufe heimisch sind.

Anschließend wurden diese in ihrem Verhalten in Bezug auf Temperatur und Feuchtigkeit, anhand ihrer Zeigerwerte nach Ellenberg, verglichen. *„Zeigerwerte von Pflanzen (Ellenberg et al.1992, 2001) dienen zur synökologischen Kennzeichnung der Pflan-*

*zenarten und sekundär über den mittleren Zeigerwert zur Kennzeichnung ganzer Pflanzenbestände und -gesellschaften"* (Frey & Lösch 2010: 109). Die Zeigerwerte zeigen die Standortbedingen unter denen eine Pflanze wächst. Sie wurden empirisch ermittelt und können sowohl zur Bestimmung von Standorteigenschaften im Gelände als auch zum Vergleich von Pflanzenarten herangezogen werden. Die Zeigerwerte nach denen verglichen wurde sind die Feuchtezahl, die Temperaturzahl und die Lichtzahl.

Die Feuchtezahl wurde ausgewählt da eine Erhöhung der Temperatur auch eine verstärkte Verdunstung von Wasser im Boden zur Folge hat. Zudem zeigen die Prognosen von Giorgio auch eine Abnahme der Niederschläge in den Sommermonaten für Mitteleuropa als Folge des Klimawandels (Giorgio et al. 2004: 857). Da Pflanzen wie alle Lebewesen zu einem Großteil ihres Volumens auf Wasser bestehen, ist ersichtlich wie essentiell die Verfügbarkeit dieser Ressource für eine Pflanze ist. Besteht zusätzlich zum Wassermangel Hitzestress kann dies bei Pflanze auch zu Problemen des Temperaturhaushaltes führen da dieser durch Evaporation über die Blätter reguliert wird.

Die Temperaturzahl stellt die direkteste Verbindung der Folgen des Klimawandels mit der Pflanzenphysiologie dar. Die Temperatur hat nicht nur Auswirkungen auf den Wasserkreislauf, sondern auch auf die Pflanze in direktem Wege. Vorteilhaft ist hier eine mögliche Verlängerung der Vegetationsperiode durch die ganzjährige Erwärmung des Klimas zu nennen. Da Pflanzen zudem poikilotherm sind, ist ihre Körpertemperatur direkt von Umgebungstemperatur abhängig. Eine zu hohe Temperatur kann zu denaturierung von Proteinen und zu einer Beeinträchtigung des Zellstoffwechsels führen (Frey & Lösch 2010: 211).

Die Lichtzahl wurde ausgewählt, weil sie einen wesentlichen Unterschied in den untersuchten Arten darstellt. Die Lichtzahl beschreibt die Schattentoleranz einer Pflanze. *„Das Lichtklima am Boden eines höherwüchsigen Pflanzenbestandes wird wesentlich durch die Absorption, Transmission und Reflektion der gesamtverfügbaren Lichtmenge durch die oberen Kronenschichten bestimmt. Dies führt zu einer strengen Selektion der Unterwuchsarten gemäß ihrer Schattenverträglichkeit"* (Frey & Lösch 2010: 178). Dies betrifft aber nicht nur die Arten der Krautschicht, sondern auch alle Pflanzen der Baumschicht, da auch diese während ihrer Entwicklung auf eine ausreichende Lichtverfügbarkeit am Waldboden angewiesen sind.

Die jeweiligen Werte wurden der Internetseite des Bundesamtes für Naturschutz flora-web.de entnommen sowie in einem Fall einer von Urs-Beat Brändli von der Forschungsanstalt WSL erstellten Übersichtstabelle der Gehölze.

## 2.2 Vergleich der Waldgesellschaften

Als geeignete Waldgesellschaften für die Böden Bochums wurden der Tabelle der Buchen-(Stiel)-Eichenwald und der Buchen- Traubeneichenwald entnommen. Die Stiel-Eiche (Quercus robur L.) und die Traubeneiche (Quercus petraea (MATTUSCHKA) LIEBL.) sind zwei nah miteinander verwandte Eichenarten, welche während des Klima-optimums bis vor ca. 2500 v.Chr. in Mitteleuropa dominierten. Erst danach wurden sie im Laufe des Subboreals von der Rotbuche in wärmere oder tiefere Standorte verdrängt (Schütt et al. 2006: 486). Es erscheint also naheliegend, dass für beide Arten eine erneute Erwärmung des Klimas hinsichtlich ihrer Konkurrenzfähigkeit zur Rotbuche vorteilhaft ist.

### 2.2.1 Vergleich in Bezug auf die Feuchtezahl

**Tab. 1: Feuchtezahl (Bundesamt für Naturschutz 2013) und (Brändli 2001: 1)**

| Zeigerwert / Art | Rotbuche | (Stiel)-Eiche | Traubeneiche |
|---|---|---|---|
| Feuchtezahl | 5 | 3w | 5 |

Bei dem Vergleich hinsichtlich der Feuchtezahl zeigen sowohl die Rotbuche als auch Traubeneiche ähnliches Verhalten. Beide wachsen bevorzugt auf eher feuchten Böden. Anders die (Stiel)-Eiche, die mäßig feuchte Böden bevorzugt. Sie ist allerdings auch auf Böden mit wechselnder Feuchtigkeit, also Abschnitten längerer Trockenheit oder Nässe, anzutreffen ((Landholt, E. (1997) nach Brändli, U.-B. 2001: 1) Hinsichtlich der prognostizierten Veränderung in den Niederschlägen des Sommers, kann hier ein Vorteil liegen, der die Konkurrenzfähigkeit der (Stiel)-Eiche zur Rotbuche verbessert. Allerdings hängt die Wasserverfügbarkeit zusätzlich zu den Niederschlägen auch vom Wasserspeichervermögen der Böden ab welches bei den in Bochum vorkommenden Parabraunerden des Nordens und Braunerden des Südens sehr hoch ist.

## 2.2.2 Vergleich in Bezug auf die Temperaturzahl

**Tab. 2: Temperaturzahl (Bundesamt für Naturschutz 2013)**

| Zeigerwert / Art | Rotbuche | (Stiel)-Eiche | Traubeneiche |
|---|---|---|---|
| Temperaturzahl | 5 | 6 | 6 |

In Bezug auf ihre Toleranz hoher Temperaturen sind beide Eichenarten der Rotbuche überlegen. 2008 konnten Eichborn et al. (2008: 119) zeigen, dass schon eine Erhöhung der Durchschnittstemperatur eines Jahres von 3K das Höhenwachstum von Rotbuchen im Jahresvergleich um 30% reduzierte. Zwar bedeutet eine Erhöhung der Temperatur um diesen Faktor keine direkte Gefahr für eine Buche im Bestand, im interspeziären Vergleich aber wird eher die Eiche von einer Temperaturerhöhung profitieren während sie das Wachstum der Rotbuche zumindest einschränkt.

## 2.2.3 Vergleich in Bezug auf die Lichtzahl

**Tab. 3: Lichtzahl (Bundesamt für Naturschutz 2013)**

| Zeigerwert / Art | | Rotbuche | (Stiel)-Eiche | Traubeneiche |
|---|---|---|---|---|
| Lichtzahl | | 3 | 7 | 6 |

Ein großer Vorteil der Rotbuche wird bei der Lichtzahl deutlich. Im Vergleich mit anderen Bäumen, hier den Eichen, kann die Pflanze auch dort noch wachsen, wo andere Bäume nicht mehr genug Licht bekommen. Vor allem in reinen Buchenwäldern ist die Bedeckung sehr hoch. Die Pflanzen der Krautschicht bekommen so nur sehr wenig Licht. Allerdings betrifft dieses Problem nicht nur Pflanzen, welche durch ihren kompletten Lebenszyklus hindurch die Krautschicht besiedeln. Auch Baumkeimlinge sind von der geringen Lichtdurchlässigkeit betroffen. Junge Buchen können aber unter diesen Umständen besser überleben als vergleichbare andere heimische Bäume und auch mit geringer Einstrahlung ausreichend Photosynthese betreiben.

**2.2.4 Zusammenfassung der Einzelergebnisse**

Werden die Ergebnisse zusammen betrachtet, ergibt sich kein einheitliches Bild. In Bezug auf die zunehmende Trockenheit, kann die (Stiel)-Eiche den beiden anderen Bäumen als überlegen betrachtet werden. Steigende Temperaturen können ebenfalls in der Lage sein die Konkurrenzfähigkeit der Eichen heraufzusetzen. Es liegt also bei der reinen Betrachtung der auf den Klimawandel abzielenden Zeigerwerte nah, dass die Konkurrenzfähigkeit von Eichen steigt während die der Buchen sinkt oder stagniert. Junge Rotbuchen haben jedoch in einem bestehenden geschlossenen Baumverbund, durch ihre Schattenverträglichkeit, einen erheblichen Selektionsvorteil der es anderen Pflanzen schwer macht, einmal dicht von Buchen besiedelte Standorte als neues Areal zu erobern.


## <u>Schlussfolgerungen</u>

Entsprechend den in Abschnitt 2.2.4 vorgestellten Ergebnissen lässt sich die Ausgangsthese nicht klar verifizieren oder falsifizieren. Die Anzahl der Faktoren welche die langfristige Entwicklung der potentiell natürlichen Vegetation beeinflussen ist sehr hoch und ohne genauere Kenntnisse über die weitere Entwicklung der Niederschläge und Temperaturen lässt sich nur schwer eine Einschätzung vornehmen. Einige Punkte können jedoch aus dem Vergleich und aus dem Studium der Quellen gewonnen werden. Bewegt sich die Entwicklung innerhalb des vorausgesagten Bereichs hin zu höheren Temperaturen wird die Konkurrenzfähigkeit der Eichen im Vergleich mit Buchen steigen. Sie sind in Bezug auf den Wasserhaushalt und steigende Temperaturen den meisten anderen bei uns heimischen Baumarten überlegen. Da die Temperaturen welche in Folge des Klimawandels in Europa zu erwarten sind, höher sind als jene während des Atlantikums, wo die Eichenwälder sich in ihrer maximalen Arealausdehnung befanden, ist eine Ausbreitung von Eichenmischwäldern über ihre jetzigen Arealgrenzen hinaus als potentiell natürliche Vegetation wahrscheinlich. Ob dies allerdings reicht bestehende naturnahe reine Buchenwälder, wie sie im Bochumer Süden zu finden sind, tatsächlich zu verdrängen kann dadurch aber nicht beantwortet werden. Die derzeitigen Buchenwälder bieten mit ihrer hohen Bedeckung für junge Buchen wahrscheinlich die besseren Bedingungen. Diese hohe Bedeckung führt zudem auch zu einem kühleren Klima am Waldboden, so dass Temperaturerhöhungen und verstärkte Evaporation wohlmöglich abgefedert werden können. In bestehenden Wäldern können Eichen wohl am ehesten Randgebiete und Lichtungen mit ausreichender Lichtintensität besiedeln. Zudem stellt sich die Frage auf ob die Bedingungen des Klimawandels über ausreichend Zeit stabil bleiben um der vergleichsweise langsamen Verbreitung (Sowohl Buchen als auch Eichen verbreiten sich über Zoochorie) und dem Wachstum von Bäumen genug Zeit zu geben. Um ein besseres Bild über die Entwicklung zu bekommen wäre eine weitere Untersuchung des Gegenstandes über die Literaturanalyse hinaus, z.B. durch empirische Untersuchungen an Arealgrenzen, sinnvoll.

## Literaturverzeichnis

Behre, K. (Hg.) (1995): Physische Geographie Deutschlands. 2. Aufl. Gotha.

Böhner, J. (Hg.) (2010): Klimawandel und Klimawirkung. Hamburg. (=Hamburger Symposium Geographie 2)

Brändli, U.-B. (2001): Zeigerwerte Waldgehölze. Birmensdorf. http://www.gehoelze.ch/zeigerwerte.pdf [23.06.2013]

Bundesamt für Geowissenschaften (Hg.) (2004): Bodenübersichtskarte von Deutschland 1:3.000.000. http://www.bgr.bund.de/DE/Themen/Boden/Produkte/Karten/Downloads/BUEK3000.pdf?__blob=publicationFile&v=3 [25.05.2013].

Eichborn, J.; Dammann, I.; Schönfelder, E.; Albrecht, M.; Beck, W (2008): Untersuchungen zur Trockenheitstoleranz der Buche am Beispiel des witterungsextremen Jahres 2003. In: Nordwestdeutsche Forstliche Versuchsanstalt (Hg.): Ergebnisse angewandter Forschung zur Buche. Göttingen. (= Beiträge aus der Nordwestdeutschen Forstlichen Versuchsanstalt. Band 3): 109-131

Frey, W.; Lösch, R. (2010): Geobotanik. Pflanze und Vegetation in Raum und Zeit. 3. Auflage. Heidelberg.

Giorgi, F.; Bi, X.; Pal, J. (2004): Mean, interannual and trends in a regional climate change experiment over Europe. II: Climate Change scenarios (2071-2100). Climate Dyn., 23, 839-858. http://cirrus.ucsd.edu/~pierce/mideast_refs/Giorgi_et_al_Clim_Dyn_2004_European_climchange_modeling.PDF. [13.06.2013]

Grudzielanek, M.; Steinrücke, M.; Eggenstein, J.; Holmgren, D.; Ahlemann, D.; Zimmermann, B. (2011) Das Klima in Bochum. Über 100 Jahre stadtklimatologische Messungen. http://geologe.geographie.rub.de/vol3_grudzielanek.pdf [25.04.2013].

Jagel, A.; Gausmann, P. (2009): Zum Wandel der Flora von Bochum im Ruhrgebiet (Nordrhein-Westfalen) in den letzten 120 Jahren. Online-Veröff. Bochumer Bot. Ver. 1(1): 1-47.

http://www.botanik-bochum.de/html/publ/OVBBV11_JagelGausmann_FloraBochum_
17MB.pdf [26.04.2013].

Lauer, W.; Bendix, J. (2006): Klimatologie. 2. Aufl. Braunschweig.

Schütt, P; Schuck, H. J.; Weisgerber, H.; Lang, U. M.; Stimm; Roloff (2006): Enzyklopädie der Laubbäume. Die große Enzyklopädie mit über 800 Farbfotos unter Mitwirkung von 30 Experten. Hamburg.

## **Abbildungsverzeichnis**



## **Tabellenverzeichnis**